我的
探险研学书

关于沙漠、湿地、高山、草原、雨林冒险的生命体验

印度低地

［英］西蒙·查普曼 / 著

冯立群 / 译

电子工业出版社
Publishing House of Electronics Industry
北京·BEIJING

去印度探险

这次旅行，我的目标是寻找栖息在印度北部地区的老虎和猴子。这片地区属于印度中央平原的一部分，现在仍然处于季风季节。我猜，天气一定会给我带来不少麻烦，因此我得小心地做好准备工作。另外，这次旅途中，我将会经过很多不同的地形地貌，包括洪水泛滥形成的冲积平原、沙漠以及丘陵地带。所以，我的确需要做好准备来应对一切了。

私人装备清单

1. 轻便易干的衬衫和裤子，要沙色或卡其色的。我所要研究的恒河猕猴平时经常看到身着素色衣服的人，身穿卡其色衣服方便我近距离观察它们。

2. 运动鞋。

3. 抓地力良好的轻便靴子。

4. 乘独木舟时穿的凉鞋。

5. 毛线衣，晚上温度降低的时候会用到。

6. 遮阳帽、防晒霜、水壶。

新德里购物清单：

尽管季风极有可能会带来大量降雨，淋湿一切，但我并不准备买雨衣，而是打算在新德里买一把雨伞。感谢新德里的朋友让我借宿，所以，我不需要买露营装备，行李十分轻便，只需带一个小背包。

印度中央平原

　　印度中央平原包括布拉马普特拉河三角洲、恒河及印度河河谷。这三条主要河流在平原上沉淀了大量肥沃的土壤,十分适宜水稻、小麦和其他农作物的生长。在平原东部,冬季降雨量较小,时而伴有干旱,在夏季则雨水丰沛,形成了许多沼泽和湖泊。平原西部则更加干旱一些,塔尔沙漠(在地图左边)就在这片区域。平原上开阔的草原养育了印度象、犀牛及斑纹土狼,林地区域有孟加拉虎出没,而水牛与恒河鳄则栖息在其中比较湿润的地区。

印度

3

旅行注意事项

　　大部分时间我都将独自旅行，所以需要多加注意，以保障我的财物安全。

财物安全小贴士
把护照、信用卡以及大部分现金放在腰包里，披在我的裤子里面。扫描护照、航班信息与重要地址，把打印出来的扫描件放到背包及各个口袋里。同时，也要把扫描件发到电子邮箱里，以防万一。

接种疫苗
我需要接种一针狂犬病疫苗，因为万一被野狗或携带传染病菌的猴子咬到可不是闹着玩儿的。

喜马拉雅山

巴基斯坦

塔尔沙漠

科贝特国家公园

新德里

玛德霍普

奈尼塔尔

萨瓦伊

贾沙梅尔

焦特普尔

恒河

伦滕波尔国家公园

孟加拉虎

　　据统计，世界上的野生老虎仅剩3000只左右，其中绝大多数为孟加拉虎，分布于印度、孟加拉国、尼泊尔和不丹。孟加拉虎是顶级猎食者，也就是说没有别的动物可以猎食它们。然而，由于栖息地不断减少，孟加拉虎的生存也受到威胁。现在，许多孟加拉虎所栖息的丛林被农田包围着，这些孟加拉虎被农田隔开，导致了近亲繁殖，这种情形下出生的幼崽，健康状况令人担忧。

新德里

自从来到新德里以后，我所经历的事情实在是太多了。这里的天气十分奇特，即使是中午刚过，天空看上去都像是日暮时分一样。我能看到天逐渐黑下来，然后一场暴风雨骤然而至。**有时候雷电声听起来简直就像**

大爆炸一样！

通往新德里的路十分平坦，满眼绿色。鸟儿成群结队地从路上掠过，水牛在路旁的小块沼泽里游水嬉戏（左图）。还有牛群在路中间的隔离带的草地上惬意地吃着草。

6

随着大巴车缓缓驶进城区，首先映入眼帘的是伫立在街道两旁的东倒西歪的店铺，然后可以看到电线在行人的头顶上空缠绕在一起。一辆辆电动三轮车疾驰而去，还有更多的老牛在四处闲逛着。

电动三轮车到处都是，像蚊子一样来来往往地飞驰着。

这里的乌鸦实在是太彪悍了。

乌鸦到处都是，看起来就像是从恐怖片里出来的一样。我看见两只乌鸦把一只老鼠活活啄死了——这里的乌鸦就是这样! 我真想迫不及待地准备好装备然后离开此地。

最后……

我不停地躲闪着疯狂的车辆，蹚着水走过街道，然后走进一条小巷。巷子里满是古旧的木制房屋，花园里盛开着鲜花，鸟儿在啁啾鸣唱着。这真是闹市之中一隅宁静的小岛啊!

雨季来临

8月20日，下午2:50

雨季扑面而来！这跟平常的下雨完全不是一码事儿。我穿着干爽的衣服坐在宾馆的前门廊下，看着雨水成片成片地泼洒下来。

清晨

我搭了一辆电动三轮车去新德里市中心补充物资。

一些地段的道路有将近30厘米的积水，还有小孩在池塘里游泳玩耍着。

集市上有许多狭窄的巷子，里面的人在窄小的棚子里居住和卖东西。总是有一些眼睛亮闪闪的小孩拽着我的胳膊，向我讨钱。

黄昏

黄昏时分，阳光呈现一种神秘的黄晕，有一大群黑鸢俯冲而下，落在街灯杆子上。

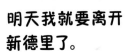

明天我就要离开新德里了。

我订了一辆出租车前往**科贝特国家公园。**

这个国家公园位于喜马拉雅山的丘陵地带，在新德里以北大约160公里的位置。科贝特国家公园因吉姆·科贝特而得名，他是一位20世纪30年代的英国捕虎猎人，后来，科贝特决心不再对老虎进行捕杀，而是投身于保护老虎的事业中。

9

车祸

我乘车向新德里以北驶去,不过司机似乎对出城的路不太熟悉,总是停下来打听路线。

8月21日,下午3点左右

到这时,我的车大约行驶了6个小时,途中经历了:

- 一个接一个的交通堵塞
- 汽车加速超车
- 水牛、狗群还有猴子不时地挡在路上
- 人力三轮车上面疯狂地满载着大堆的甘蔗
- 一头大象出现在德里市中心的一座天桥上

这只小灰头鱼鹰站在篱笆上。

10

我们在靠近卡西普市的路边停了下来，因为出租车撞到了一辆拖拉机。我被震了一下，但是除了脖子有点疼之外，似乎并无大碍。

这还是刚刚那只鱼鹰，它向一条鱼猛扑过去。

司机好像也没什么大事儿，但是他的出租车可就没那么走运了。他原本努力想要从拖拉机和路边之间的空隙里挤过去，当他意识到拖拉机司机根本没有给他让路的意思时，他只能使劲儿踩刹车，可是已经太晚了。现在，出租车的前车盖被撞成了 V 形，两人大吵了起来，周围都是农田，还有一群不知从哪儿冒出来的人在围观。

被洪水冲过的农田

后来……

我面临着如何才能到达科贝特国家公园这一重大问题。后来，我选择乘公共汽车。现在，我正坐在一个又潮又湿的座位上。(不，你们猜错了，天上没有下雨，而是之前坐在这里的一个小孩把椅子给尿湿了 ——天哪!) 最后我终于到了拉姆讷格尔地区，然后找到了另外一辆出租车去科贝特国家公园。

11

黄昏之行

写下这段文字的时候, 我正骑着大象, 穿行在冲积平原的草地上。不过, 我却很难专心起来。

从凌晨2点之后, 我就一直没有合过眼。昨天晚上在过夜的地方, 我感到很不舒服。

我觉得从街头小贩那里买的食物有问题。另外, 我也没有认真地净化我的饮用水。迄今为止, 我还是没有见到老虎, 不过似乎听到过老虎的叫声。那种咆哮声听起来更像是一声

"嗷呜"!

今天天气格外冷。我这会儿正在观察梅花鹿(上图)和野猪, 同时欣赏着喜马拉雅山丘陵地带林间的美丽的黎明景致。

这里的森林主要由笔直高大的娑罗树构成，还有林下一些低矮的灌木丛（下图）。在林中开阔一些的区域，还有些看起来像长了瘤子的树以及绞杀榕。

靠近营地的无花果树

在公园里，这种由河流形成的冲积平原被称为"雨季湖"，以前这里曾经是农田。

后来……

冲积平原

冲积平原指的是河流周围低洼处的平坦土地，每当降雨充沛时，洪水就会在这里泛滥起来。洪水使冲积平原沉淀了大量的肥沃土壤，在一年中除雨季外的其他时期，冲积平原都十分适宜种植农作物。

骑大象出行让我感觉不太舒服，但好在途中我遇到了一些恒河鳄。（下图）拉姆甘加河一段急流的末端形成了一汪美丽的蓝色小池塘，那些鳄鱼就悠闲地待在这儿。这条河看起来真是乘独木舟航行的绝佳之处！

13

老虎的行踪

　　驾驶吉普车从国家公园向山上行驶约一小时，喜马拉雅山的晨景就展现在面前。跟我一起上山的还有普利先生——公园的向导，还有他的助手达尼·拉姆。

　　这里有许多老虎和大象的踪迹（其中有一只老虎体型很大）。普利先生说野生大象能够漫无目的地溜达到山中海拔很高的区域。

山上的温度非常低，
我差不多把所有的
衣服都穿在身上了！

一只灰叶猴坐在岩石上

14

丛林里的树木很矮，荆棘密布。动物的种类不太多，只有一些野生水牛和大群的灰叶猴。

我驱车沿着狭窄的小路向下驶去，躲避着擦身而过的荆棘。我们看到了许多灰叶猴、梅花鹿、一头大象的后半个身子，还有许多大象粪！丛林真是令人激动的地方，尤其是坐在沼泽湖泊旁，看着湖里的数百只鹳、野鸭与黑翅长脚鹬（右图），还有野牛、鳄鱼以及几只胡狼，这样近距离地跟野生动物亲密接触，真是令人激动呀！

后来……

我跳进一条满是鹅卵石的小河里游了一会儿泳。天哪！有几条鳄鱼离我真的是太近了，我戴上眼镜后才看到！

15

湖畔之行

今天一大早，就有一只巨大的松鼠在我的卧室外一小口一小口地啃着树叶。我躺在床上，满耳朵都是一种怪异的咀嚼声。还有一只巨蜥在附近徘徊。

我和丹尼·拉姆在湖边散步。我蹚着及膝深的水去一个小岛上观察鸟，倒霉的是，当我好不容易到了那儿的时候，所有的白颈鹳都飞走了。

在湖边的一处丛林里，我们发现了许多新鲜的大象粪便。我们沿着一条小路进了灌木丛，避开了这些障碍，绕着湖前进。我们沿着岬角前进，然后再原路折回，花费了很长时间。已经到中午了，天非常热，这样的长途跋涉让人汗流浃背。

傍晚时分，我又出门沿着湖散步，现在刚刚回来。

我们游到了昨天发现大象粪的地方，然后又向前走了很远，

终于看到了一头野生大象
……成功了！就是距离有点儿远。

不过，那头大象一定很大，因为在它旁边还有一个动物相对照，我们起初以为是野猪，

结果却发现是头水牛！

湖泊栖息地

湖泊属于淡水生物群落，为鱼类等栖息在湖里的生物以及鳄鱼等到此觅食的生物提供了稳定的淡水供应。到了旱季，湖泊就显得尤为重要，因为在旱季获得淡水是非常困难的。树木与芦苇生长在水边潮湿的土壤里，而睡莲等水生植物则在湖中旺盛地生长着。

当大象消失在丛林的时候，我们就开始往回走。回到住处，我发现了一位不速之客，

这只树蛙在我的马桶里趴着等我！

猴 子

刚刚，一头小小的麝香鹿宝宝一路跟随着我回到家。虽然成年麝香鹿也非常可爱，但麝香鹿宝宝却是这世上**最可爱的生物**。

小麝香鹿的妈妈把它撇下不管，独自跑掉了。这个可怜的小家伙就一直跟着我们。最终，丹尼·拉姆绕着一根电线杆走了好几圈，直到把它弄得晕头转向。希望在我们离开之后，它的妈妈能回来把它领走。

午夜惊魂

吓死我了！我卧室屋顶上的电风扇晃着晃着差点儿掉下来，把我在睡梦中切成两半。当我醒过来的时候，电风扇的顶端已经脱落，在头顶上来回摆动着。

8月27日

　　早上醒来，我看到一些小猕猴在窗边的灌木丛中欢乐地嬉戏着。

　　接下来的几天里，在等待更多有关老虎的消息时，我忙着追踪猴子。猕猴十分习惯有人类在附近，前提是你得穿上带有伪装色的衣服，并且保持安静。我的任务是跟着一群猕猴，画下它们的行动路线，并记录下它们的活动规律。

这只獴刚刚从房子拐角处鬼鬼祟祟地探出头来。

后来……

　　在小屋附近出现了许多灰叶猴。它们撅着屁股，蹦蹦跳跳地往前蹿。虽然叶猴的体型要比猕猴大得多，但它们却不是猕猴的对手。叶猴时不时地就得给猕猴梳理毛发。

追踪猕猴

追踪猴子可没有我想的那样容易！只要有一点儿动静，猴子就会从灌木丛里逃走，你的活儿就算白干了。

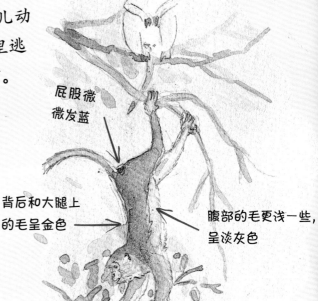

雌猴——
脸更红一点

屁股微微发蓝

背后和大腿上的毛呈金色

腹部的毛更浅一些，呈淡灰色

我以为自己在灌木丛中把猴群跟丢了。

我坐在一棵大树下，树上有一只小公猴正在休息。我猜，发现一只猴子的地方一定会有许多猴子。很快，事实就证明我的想法是正确的，因为一群猴子迅速把我围了起来！现在，到处都是猴子，它们互相梳理毛发、挑虱子和寄生虫，还有一些小猴子在灌木丛中闲逛着。

我感觉就像是到了动物世界里面！

猕猴

　　猕猴分布于阿富汗、巴基斯坦、印度、中国以及东南亚。它们属于灵长类动物，毛发呈浅棕色，脸部呈粉色。猕猴喜欢成群结队生活，十分喧闹，每个族群可多达 200 只。它们以树根、水果、种子和昆虫为食。猕猴的适应性很强，在草原、森林以及山区等多种不同类型的栖息地里均有分布。

猕猴的掌印

F = 觅食
R = 休息
M = 移动
1 = 在地面
2 = 在灌木丛中
3 = 在树上

遇见猴群

遇见猴群

猴群

这是我画的猴子活动区域图，里面包括公路、山丘以及建筑物。

21

林中迷路

今天下午，我一路跟着一群猴子进入了森林。现在已经将近日落时分，猴群准备安顿休息了，我才意识到天真的有点儿晚了。

夜幕逐渐降临，

我必须得赶紧回去！

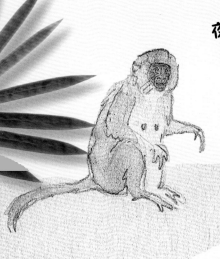

我坐下来学猴子叫，（这是我跟丹尼·拉姆约好的，如果我们走散了就以这个为信号）但没人回应。只是偶尔才有某种动物发出一种像是咳嗽又像是犬吠般的声音，（大概是麂……或者豹子吧？）这把附近一棵几乎要倒了的树上的几只灰叶猴吓得蹦了下来。不过还好，我还没感到恐慌，于是我决定一直往西走，直到找到路。

后来……

好在我对自己位置的判断是对的。我信步往回走，不停地吹着口哨，直到听见有吉普车沿路行驶的声音。我的司机见我一直不回来，十分担心，他觉得我可能被蛇咬了，所以开着车出来找我。

印度眼镜蛇

在树林中，我并没有看到司机一直担心的蛇——眼镜蛇。为了给蛇画这幅素描图，我付给了一位拥有不少猴子的耍蛇人60英镑。但我画着画着，那条蛇突然向我猛扑过来，幸亏耍蛇人及时制止了它。我不得不另找时间才完成这幅画。

8月29日

今天下午，我们骑车到一些废墟处转了转。后来风太大了，我们就沿着湖边堤坝上的路回到了旅馆。

这只栗色脑袋的食蜂鸟正跟一只大金龟子缠斗在一起。它从空中变着花样地俯冲了好几次，可还是没有捉住金龟子。

这座白色雕像伫立在灰色的岩石当中。

23

洞中雕像

这个山洞有黏糊糊的沙质土壤，山洞的地势呈逐渐向上的坡度。

在洞口附近，有人刻了一道槽。书中记载，这个山洞中曾经发现过佛教文物，后来引起了许多人的抢夺。

山洞附近一处庙宇里的魔鬼浮雕

山洞居民

长期生活在山洞中的动物的听觉、触觉和嗅觉都高度发达，因而十分适应所在栖息地的黑暗。蝙蝠，比如褶翅蝠，栖息于印度境内的许多寺庙、山洞和废墟当中。蝙蝠与鸟类产生的粪便覆盖在山洞的地面上，为微生物、菌类及昆虫提供了食物来源。

24

这里的许多雕像是人工刻到岩石上的，而这座 8 米高的雕像（下图）是其中最巨大的。这里还是一处圣地，很多人在路上边走边唱，前来朝圣。

从山洞回来路上碰到的灰叶猴

我画下了这只小猴，它的腿显得非常细弱。

猴群里的其他猴子都在低矮的树上觅食。这些猴子悠闲自在，似乎没有被人类打扰到。

没有发现老虎

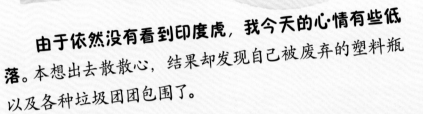

8月30日，
在荒地漫步的下午

　　由于依然没有看到印度虎，我今天的心情有些低落。本想出去散散心，结果却发现自己被废弃的塑料瓶以及各种垃圾团团包围了。

　　一列灌木丛沿着静止不动的池塘和小溪边生长着，池塘和小溪的边缘已经被牛蹄践踏得不成样子。

　　公路与湖泊之间是一片湿地草原，

草原对面很远的地方游荡着一百多头牛。

这里
也有许多鸟类：

　　有黑翅长脚鹬、白鹭、云雀，甚至有一只鹳嘴翠鸟（右图），以及两种不同的长尾鹦鹉。

突然，四只胡狼出现在湖边，

引起了一阵骚动，把鸟都惊飞了，但它们似乎不是来猎食的。其中两只（下图）似乎年纪小得多，很可能是今年刚刚出生的幼崽。

就在日落之前，我看到一只小黑鸢落在一个围篱桩上，正在吃一只长着白羽毛的鸟。下面还有乌鸦在不停地叫着。

后来……

我坐在一个裸露的石丘上，当地人称之为鳄鱼石，长尾鹦鹉和鸽子在我的四周飞舞着。

旅游污染

许多游客来到这片地区欣赏美丽的风光以及迷人的野生动物。他们推动了地方经济的增长，然而这些游客的出现，也威胁着这里野生动植物的生存。

27

雇佣向导

吃早餐的时候，有一只獴路过我所在的旅馆。跟之前见到的是不是同一只呢？

我决定雇佣一名向导，以此来提高看到老虎的概率。我的导游古岩拥有一辆吉普车（他非常引以为傲），知道很多老虎经常出没的地方。

这里有一大群水牛，还有不少水坑。
不过我不确定这些水牛是野生的。

28

许多水坑里面有鳄鱼，它们有时候半潜在水里，有时候爬到岸上，张着大嘴散热。古岩告诉我，体格大的鳄鱼甚至会攻击水牛。

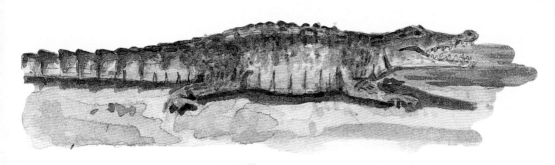

鳄鱼

印度的鳄鱼主要分为三种：泽鳄、食鱼鳄以及河口鳄。泽鳄被认为是珍稀物种，但食鱼鳄却处于严重的濒危状态，据统计，世界上仅剩 235 只野生食鱼鳄。

下午

仍然没有看到老虎，但周围有非常多的野生动物。

在驱车往回走时，我们路过开阔的平原。在一个泥塘边，有一大群各种各样的鸟密密麻麻地聚集在一起，这景象让我感到非常诧异。

后来……

黄昏时，在我们驱车回来的路上，我看到了这些娇小碧绿的食蜂鸟。它们像一片绿云一样从沙土路上腾空而起。

29

见到豹子

这会儿，我正驱车沿着一块湿地沼泽行进，百合的叶子铺满了整个沼泽。一大群彩鹳在灌木丛中闹哄哄地筑巢。

这是一只夜鹭、

一只彩鹳， 还有白鹭，

甚至我还看到了

远处有一头大象。

这只巨蜥蜴正沿着一种奇怪的锯齿形轨迹摆动着。

30

刚刚见到一头豹子！

吉普车刚刚驶过弯道，就发现这只豹子躺在路边的沙地上。也就不到三秒钟，它迅速醒来并跳进灌木丛中消失了。

豹

印度豹栖息于印度境内的森林中，另外在草原地区也有所分布。豹子在夜晚出没，喜欢捕食野狗、豚鹿、野猪等。有趣的是，豹子常常会把捕到的猎物放到树上，以免被领地内的老虎等其他大型猫科动物夺走。

司机看了一下手机，说我们必须在下午 6:30 保护区关门之前离开。

下午6:40

太阳逐渐落下山了，天空呈现一种桃红色。太阳的右边有一大块长方形的乌云，乌云里不停地发出闪电，偶尔还听到阵阵轻微的雷声。

31

离开科贝特国家公园

9月2日，早晨5点

我决定在科贝特国家公园最后逗留一天。明天，我将会去西边另一个老虎经常出没的野外地区。

今天早晨，我们驾驶着吉普车出去观察大象。太阳渐渐升起来，一层迷雾在湖周围的草地上弥散开来。

过了一会儿

我们开车驶出森林，进入开阔地带，一头形单影只的公象伫立在路边。

**这头公象离吉普车越来越近，
所以我们不得不继续往前走。**

在我们右边大约 6 米处有一头小象，它的妈妈就站在灌木丛里。我在画画时无意识地用手不停敲着吉普车车顶，司机不满地制止我："别敲啦!"

后来……

我看到一小群大象在水边慢悠悠地走着。我曾经见到它们边走边在水中调皮地踩水花，但现在却不再那么做了。也许它们感觉到周围有鳄鱼出没。

回到新德里

9月3日，回到新德里

在搭乘公共汽车返回新德里的路上，我身边坐着一位老妇人，她不停指着窗外的景色让我看。

每当我开始打盹，她就用手捅醒我。当她的丈夫一睡过去，她就揪他的耳朵，直到把他弄醒。她和她丈夫翻看着我的望远镜还有这本日记。她的女儿坐在后面玩耍着，不时地把自己的辫子系到椅子上，或者不住地摆弄她的头巾。

下午，新德里

我来到铁路售票处预订车票，准备向西前往炎热干燥的拉贾斯坦邦。接着，我去帕哈甘吉（上图）的集市上闲逛了一圈。

34

由于我计划乘坐夜晚的火车离开新德里，白天大部分时间，我在洛迪花园闲逛。这里有许多古老的陵墓，有着圆圆的穹顶，看起来就像是微型的泰姬陵，还有许多鸟儿在树木间不断地穿梭着。

能够远离都市的喧嚣可真是太好了!

洛迪花园里的金贝粉蝶

在回来的路上，我发现一家咖啡馆，在里面饱餐了一顿美味的羊肉咖喱角和玛沙拉薄饼（一种卷着咖喱蔬菜的薄饼）。

迁徙习性

新德里是 250 多种鸟类、150 多种蝴蝶、10 多种鬣狗以及狐狸、豺狼、蓝牛羚、狐獴、野猪等各类动物的避风港。野生动物专家担心由于污染程度不断加剧，会导致气候变化及食物链的断裂，并因此迫使这些动物迁徙到世界上的其他地区。

后来……

我遇到一个叫贾斯丁的人，他正要去拉贾斯坦邦的贾沙梅尔，打算徒步穿越那里的塔尔沙漠。

贾沙梅尔

9月4日，晚12点，乘火车前往坐落于塔尔沙漠边缘的贾沙梅尔市

我同贾斯丁一起向西出发，准备加入他的沙漠之旅。他认为这次旅行大约需要三天时间。我在印度还能停留将近两周，所以我应该仍有富裕的时间前往伦滕波尔国家公园。

贾沙梅尔

窗外的乡间景致不断变化，从零星分布着沙丘的平坦灌木地区逐渐变成了一片青翠，这里是玉米等农作物的生长区，还有浅绿色的小树在其中点缀着。偶尔会看到人，以及迷路的狗和骆驼。

更早一点的时候，我们路过了一大群体型硕大的秃鹫。

现在，我们正坐在黄色的木制长椅上，有人在我的头上方的另一把长椅上睡觉。火车上有很多像这样的车厢，一点儿都不舒适。

36

今天，贾斯丁真的病得很严重。

他躺在房间里的床上，体温剧增，没有一丝力气。

我们本打算明天就进入沙漠，

可现在我真不知道会发生什么。最让我担心的是他在发高烧，我给他吃了些我随身带的药片，务必要保证他不脱水。

贾沙梅尔的老城里面有许多高高的角楼以及土黄色的沙石墙，看起来就像是《一千零一夜》的故事里的建筑。这里许多庙宇供奉着印度象神甘尼许，大部分建筑物上雕刻的图案极其精美复杂（上图）。另外还有牛羊在巷子里肆意地穿行着。

后来……

我乘吉普车进入沙漠，贾斯丁没有跟我一起去。他病得太厉害，根本没办法旅行。他仍留在贾沙梅尔，我有点儿放心不下。

37

进入塔尔沙漠

9月6日，早晨6:40，塔尔沙漠，1号营地

昨天晚上，我盖着潮湿的被子，睡在露天地上，实际上睡得还挺好，只不过偶尔有甲壳虫爬到我身上来。

不过在这里便便倒是一个相当难忘的经历，

刚刚结束，就看到屎壳郎已经把我的粪便分解成块，然后搬走了。（它们还在粪便里产卵）

在一处废弃的宫殿附近，有一座四周砌有围墙的花园，还有一些雕刻着图案的建筑物，不过它们都在酷暑中变得越来越破败。在一个昏暗的房间里活跃着不少蝙蝠，还有嗡嗡作响的马蜂巢。

在其他地方，岩石与沙丘这样的沙漠景致消失了，取代它们的是草原。在数年之中的第一次降雨的滋润下，草原上的灌木丛变得碧绿了起来。身处低垂而清凉的朝阳之下，头上响起鸟儿的啁啾声，半空中还有老鹰在低飞着，**这种感觉实在是太好了。**

9月7日，塔尔沙漠，2号营地

今天的骑骆驼之旅漫长而又艰辛。除了没有洗澡，身上有点脏，其他方面还不错。

午餐时间

我们来到了一块很大的绿洲，这是一汪浅浅的湖，周围有不少树木，还有鸟儿在涉水漫步。我们在水里打了打滚，好好体验了一番凉爽的感受。

这是石鸻的一种，它长着一张巨大的铲形鸟喙。

黑翅长脚鹬小巧精致得简直有点不可思议，这种小东西总是成双结对出没。我甚至还看到一只印度瞪羚，离我有40米远。在蹦蹦跳跳离开的时候，它黑白相间的尾巴在阳光的照耀下闪闪发亮。

39

酷热的沙漠

9月7日,日落时分

我们沿着一条干涸的河道行驶,两边都是绿树,这时,

一只孔雀出现在我们面前。
印度的灌木丛林是孔雀的故乡。我还看到了一只丛林鸡——家鸡的始祖。

9月8日,3号营地,午休

我们把帐篷搭在一个石头水池和一座看起来已经废弃了的村庄之间。为了得到干净的饮用水,我把大部分时间花在了用饭盒烧水上。早些时候喝过的湖水让我十分担心。

在我们返回贾沙梅尔的时候,天气变得更加酷热。

景色也变得枯燥乏味:路上到处都是干涸的棕褐色岩土,只有那座古怪的村庄稍稍打破了单调。

9月9日下午, 回到贾沙梅尔

回来后我立刻喝下了一升半的水。当我去探望贾斯丁的时候, 他正半醒半睡地躺在宾馆的房间里。他病得仍然十分严重, 还得继续留在贾沙梅尔。

我们互相道了别, 我上了一趟夜班火车, 向东前往焦特普尔……然后再去斋浦尔。

9月10日, 晚上9点, 焦特普尔火车站

今晚再搭一趟夜班火车, 然后倒几次公交车, 明天或者后天我应该就能到达伦滕波尔国家公园。现在我很担心时间有些不够用。但是据说伦滕波尔国家公园是全印度观测野生老虎的最佳去处。

9月11日, 斋浦尔

斋浦尔是一座熙熙攘攘的小城。这里有许多大象在干活, 另外还有许多猴子——

多数是叶猴。

随后……

当我们沿着公路行驶的时候, 我看到了蓝牛羚 (右图)。它们体形硕大, 脊背呈坡形, 脚踝处还有一块带状的白色皮毛。

41

伦滕波尔国家公园

**9月11日，早晨，
伦滕波尔国家公园**

在灌木丛生、遍布岩石的山丘之中，我正和一名向导在一起，坐着他的旧吉普车，穿行在低矮干枯的森林里。

我们驶过了七处湖泊，一些黑鹿和野猪或在水里打滚嬉戏或在水边吃草，另外还有许多野禽和鹳。

不过还是没见到老虎……

几分钟后我画下了这只雌黑鹿（左图），还有一只小鹿在吃奶。黑鹿是这里体型最大的鹿种。体型稍小一点儿的梅花鹿或白斑鹿则更为常见。

42

日头渐渐偏西

这张速写是从一处湖泊望去，看到山脊上的拉其普特古堡。前景处那片淡红色是水中的藻类。

有些人正沿着石头台阶向上爬，前往一座寺庙。吉普车的司机说有时候人们会在沿途看到老虎出没 —— 他们偶尔还会受到攻击……

巨大的鱼鸮在湖上捕食。

伦滕波尔国家公园

伦滕波尔国家公园被农田环绕着。由于附近的居民经常到保护区里砍柴，导致丛林面积不断缩小，也危及了丛林中的野生动物。虎豹的生存空间越来越小（豹主要栖息在丛林边缘，以躲避老虎的攻击）。目前仅有约 30 只老虎生存在保护区内。

后来……

不知怎么的，我的胳膊和身上大部分地方出了疹子。希望只是过敏而已……

最后一程

明天我就会回到斋浦尔，然后返回新德里，再坐飞机回家去。

我再次跳上吉普车，在林中小径上驶过，之后在一处小沼泽湖前停了下来。今天早上，没有发现任何跟老虎有关的踪迹。

印度蛇鹈在晾晒翅膀

猜猜我看到了什么？

我们停靠在湖边，坐在吉普车里休息。这时，一只小雌虎来到湖畔的长草丛边，叼着一只死掉的梅花鹿。太幸运了！我的观看位置绝佳。它就在吉普车前站了很长时间，足够让我把它画下来。我觉得附近应该还有另一只老虎

——因为右边的草丛在不停地抖动着。

44

这只雌虎最终拖着它的猎物溜走了。随后我们驶上了山谷的一侧，这里的森林干燥低矮，很难再有机会见到老虎了。希望附近有蓝牛羚和瞪羚出没。

午饭过后

真不敢相信刚才发生了什么！当我们再次进入公园的时候，有一只成年雄豹从吉普车前面的路上横穿了过去。

然后它又迈着轻盈的脚步消失在森林之中。它并没有察觉我们的存在，所以我们趁机观察了好长时间。我欣赏了很久我拍的照片。豹子十分善于伪装，所以即使离得特别近时，你也很难注意到它。

太难以置信了！最后一天真是太奇妙了！

9月13日，回到新德里

我已经完全准备好回家去了。从大森林中走出来之后，这座城市现在显得更加忙忙碌碌了。

我刚刚看到一辆人力三轮车的后面载着一个圣诞老人！**新德里真是一个神奇而疯狂的地方！**

回家

在印度逗留的最后一天，我看到一头大象被人牵着沿着高速公路往前走，这条高速公路是通往新德里市中心的。高楼大厦伫立在道路两旁，汽车沿路鸣笛飞奔着。这就是印度！这个国家可真是够震撼视听的！在这里，我体验了拥挤的城市又感受了野生的丛林，还看到了豹子和猴子，另外我还骑着骆驼穿越了沙漠！不过最棒的还是能够亲眼见到老虎！希望人们能够继续保护这些野生动物，还有这个壮丽的国家里真正的野外地区。

回到新德里的时候我遇到了贾斯丁，在我离开贾沙梅尔的那一天他的病就好多了。他继续留在印度旅行，去了锡金邦的喜马拉雅高山地区，然后又一路到了南边的喀拉拉邦。现在我还经常见到贾斯丁，因为他娶了我的妹妹！

科贝特国家公园

　　这个国家公园因吉姆·科贝特而得名。他原来是一名猎虎者，后来却成了一位热爱并保护大自然的人。公园始建于 1936 年，是印度的第一个国家公园，因数量众多的老虎与奇妙的自然景观而著名。科贝特国家公园的面积为 1288 平方公里，里面居住着 50 种哺乳动物、577 种鸟类、25 种爬行动物，并生长着种类繁多的树木和草类。每年都有大量游客到这里参观。

　　公园分为五个不同的区域，其中就有杜尔迦区和毗拉尼区的山区地带，这里是观测孟加拉虎的最佳区域。科贝特国家公园还负责实施众多保护老虎、鳄鱼、大象等野生动物的项目。

一只孟加拉虎在四处游荡。

INDIAN LOWLANDS

First published in Great Britain in 2018 by The Watts Publishing Group

Text and Illustrations © Simon Chapman, 2017

 "企鹅"及其相关标识是企鹅兰登集团已经注册或尚未注册的商标。未经允许，不得擅用。
封底凡无企鹅防伪标识者均属未经授权之非法版本。

版权贸易合同登记号　图字：01-2021-3454

图书在版编目（CIP）数据

我的探险研学书：关于沙漠、湿地、高山、草原、雨林冒险的生命体验 . 印度低
地 /（英）西蒙·查普曼 (Simon Chapman) 著；冯立群译 . -- 北京：电子工业出版社，
2022.1

ISBN 978-7-121-42498-4

Ⅰ . ①我… Ⅱ . ①西… ②冯… Ⅲ . ①印度－探险－普及读物

Ⅳ . ① N8-49

中国版本图书馆 CIP 数据核字 (2021) 第 265939 号

责任编辑：潘　炜
印　　刷：北京盛通印刷股份有限公司
装　　订：北京盛通印刷股份有限公司
出版发行：电子工业出版社
　　　　　北京市海淀区万寿路 173 信箱　　邮编：100036
开　　本：787×1092　　1/16　　印张：18　　字数：360 千字
版　　次：2022 年 1 月第 1 版
印　　次：2022 年 1 月第 1 次印刷
定　　价：240.00 元（全六册）

凡所购买电子工业出版社图书有缺损问题，请向购买书店调换。若书店售缺，请与本社发行
部联系，联系及邮购电话：（010）88254888，88258888。
质量投诉请发邮件至 zlts@phei.com.cn，盗版侵权举报请发邮件至 dbqq@phei.com.cn。
本书咨询联系方式：（010）88254210。influence@phei.com.cn，微信号：yingxianglibook。

马迪迪国家公园

　　马迪迪国家公园位于玻利维亚，是世界最大的自然保护区之一。从安第斯山脉的雪峰延伸到亚马孙低地雨林，这个公园的面积接近 1.9 万平方公里，拥有约 2000 种植物，800 多种鸟类，100 多种哺乳动物，以及将近 200 种鱼类。马迪迪国家公园被认为是世界上物种最为多样化的地区之一。

　　马迪迪国家公园管理局的工作人员不断巡查这一片巨大保护区，以防止狩猎等非法活动危及保护区内的野生动物。尽管如此，由于偷猎、修建公路、伐木以及农业开垦，保护区内生物的生存环境仍然危机四伏。

贝尼河里的一只黑凯门鳄

47

"企鹅"及其相关标识是企鹅兰登集团已经注册或尚未注册的商标。未经允许，不得擅用。封底凡无企鹅防伪标识者均属未经授权之非法版本。

版权贸易合同登记号　图字：01-2021-3454

图书在版编目（CIP）数据

我的探险研学书：关于沙漠、湿地、高山、草原、雨林冒险的生命体验. 亚马孙盆地 /（英）西蒙·查普曼（Simon Chapman）著；冯立群译. —— 北京：电子工业出版社，2022.1

ISBN 978-7-121-42498-4

Ⅰ. ①我… Ⅱ. ①西… ②冯… Ⅲ. ①热带雨林—探险—南美洲—普及读物 Ⅳ. ① N8-49

中国版本图书馆 CIP 数据核字 (2021) 第 265940 号

责任编辑：潘　炜

印　　刷：北京盛通印刷股份有限公司
装　　订：北京盛通印刷股份有限公司
出版发行：电子工业出版社
　　　　　北京市海淀区万寿路 173 信箱　邮编：100036
开　　本：787×1092　1/16　印张：18　字数：360 千字
版　　次：2022 年 1 月第 1 版
印　　次：2022 年 1 月第 1 次印刷
定　　价：240.00 元（全六册）

凡所购买电子工业出版社图书有缺损问题，请向购买书店调换。若书店售缺，请与本社发行部联系，联系及邮购电话：（010）88254888，88258888。

质量投诉请发邮件至 zlts@phei.com.cn，盗版侵权举报请发邮件至 dbqq@phei.com.cn。

本书咨询联系方式：（010）88254210. influence@phei.com.cn，微信号：yingxianglibook。